苜蓿选种

耐盐碱苜蓿种质资源圃

翟桂玉培育的“鲁苜丰 1 号”（紫花苜蓿新品种）

翟桂玉培育的“鲁紫苜 20”（耐盐碱苜蓿新品种）

鲁紫苜 20 田间评测

鲁苜丰 1 号——盛花期

鲁苜丰 1 号——营养期

紫花苜蓿新品种“鲁黄 1 号”与“鲁苜丰 1 号”

国审新品种——饲草型大豆 2 号

国审新品种——饲草型大豆 3 号

耐盐碱野生大豆种质资源

饲用大豆新品种展示

果园种植苜蓿

槐树间作黑麦草

盐碱地林下种植燕麦

苜蓿——饲用黑麦间作

饲用小黑麦与（青贮）玉米复种节水种植新模式

冬牧 70 黑麦——全株观察

冬牧 70 黑麦——田间侧观

饲用黑麦——抽穗期

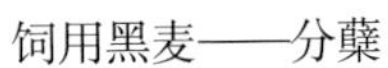

饲用黑麦——分蘖

饲用黑麦——苗期

饲用黑麦品种比较

饲用黑麦选种

饲用高粱测产

饲用高粱品种对比

燕麦种质资源圃

国审燕麦新品种——福瑞至（翟桂玉选育）

燕麦品种比较

福瑞至燕麦——拔节期

饲用燕麦收获

羊草——苗期

羊草——穗成熟期

羊草田间测产

长穗偃麦草观察

长穗偃麦草——苗期

长穗偃麦草放牧羊耦合试验

长穗偃麦草田间测产

种草养牛耦合试验

种草养羊耦合试验